SOLAR – ANLAGEN
PHOTOVOLTAIK -ANLAGE

Macht es Sinn

seinen eigenen

Strom zu Produzieren

und zu nutzen

das direkt im eigenen Haus

und Kosten zu sparen?

Wir müssen alle Umdenken

Albarez Sven

Widmung:

Danke an alle, die mich unterstützt haben, um meine
Sichtweise und Gedanken so zu optimieren, das das Beste heraus gekommen
ist und verbessert wurde.

Danke an meinen Mentor, der mir immer zu Seite stand und einen unterstützt hat.

Inhaltsverzeichnis

Warum schreibe ich dieses Buch ?	4 – 7
Anlagen in der Stadt oder Ländlich Anlagen? Was macht Sinn?	8 - 9
Schon gewusst? Oder nicht gewusst?	9 - 11
PV- Anlagen früher, nur Einspeisung möglich	11

PV Anlagen / Strom Selbstnutzung

Batterie / Speicher Medium	12 - 13
Löschung der Anlagen	14
Entsorgung der Anlage	15 - 16
Steuerberater / Steuern	16
Bonität	17
Kauf	17 - 18
Miete	18 - 19
Änderung der Branche	19 - 20
Was wir an der Tür alles erleben	20 - 22
Ablauf der richtigen Überprüfung	22 - 23
Erkenntnis von Firmen, Energieberatern und Bauträgern aller Art	23 - 24
Immobilien Branche	24 - 25
Sonnen Energie und das Tageslicht	26
E-Autos und dazu passende Ladesäulen	27 - 28
Automobil Industrie	28
Meine eigenen Gedanken und Sichtweise	29 - 30
Schlusswort	30 - 32

Warum schreibe ich dieses Buch?

Meine Tätigkeit veranlasst mich dazu und ich über das eine und andere, im Photovoltaik Bereich auf zu klären. Mir liegt sehr viel daran, hier etwas gutes zu tun und ihnen einfach einmal dieses Thema näher zu bringen, auch wenn sie nichts mit dem Thema zu tun haben oder Technisch auch keine Ahnung haben. Das müssen sie auch nicht, sondern man sollte nur das Grund liegende wissen und verstehen. Denn mit der Technik befassen sich andere Spezialisten, die in diesem Fachbereich die Profis sind. Das heißt, das jeder sein Fachbereich hat und Ihnen dann individuell ihre fragen beantworten kann.Ich versuche das hier auch etwas einfach zu machen, das das auch jeder verstehen kann und etwas mit diesem Thema anfangen kann. Mich haben auch einige Ex- Kollegen gebeten, das ich die Schrift etwas größer mache, so das jeder es lesen kann. Denn ob jung oder etwas älter, man kann immer das sparen anfangen und Freude daran haben. Sie fragen sich, was ich in diesem Bereich mache und das ist nicht mehr so Effektiv?

Ich kann nur dazu sagen, Effektiv, wie noch nie, im Positiven Sinne. Wir stehen am Anfang der Photovoltaik Branche, da sich einiges, in diesem Bereich geändert hat, über die Jahre.

Wir arbeiten für einen Stromversorger in Deutschland und versuchen mit den Bürgern (Hausbesitzer) zu sprechen und machen hierzu Aufklärungsarbeit, um Ihnen zu zeigen was wir machen und das sich einiges, zum positiven für Hausbesitzer geändert hat. Alles durch eine Check

Aufnahme seiner Stromrechnung und kosten. Dazu machen wir 2-3 Fotos von Hausdach, Stromzähler und Stromkasten und eventuell von der Vorderseite des Hauses. Die Geographische Lage festsetzen.   In der Firma wird dann alles berechnet, von Sonnenstunden und Tageslicht der letzten Jahren, dazu kommen die Daten , die wir beim Kunden aufgenommen haben und die Dachansicht und die Möglichkeit der Dachbelegung.

Viele Bürger meinen, das wir den gebrauchten Strombedarf, des Hausbesitzers, Einsicht haben. Nein, es ist nicht so, denn die Fachberater müssen frei vom Wissen, der Bürger, neutral und eingenommenen, auf den Bürger zugehen und diese Häuser in Augenschein zu nehmen. Natürlich wäre das alles einfach, mit dem Wissen. Das ist nicht das, was die Stadtwerke möchten. Sondern die Bürger sollen wissen, das wir unterwegs sind. Es wird auch Tagen zuvor angekündigt, durch einen Posteinwurf. Denn diese Fachberater sollen auch Aufklären und den Bürger sagen um was es geht und mit den Bürgern vor Ort reden.

Zu mehr kommen wir dann im späteren Zeitpunkt, dieses Buches. Man sieht in unserem Bereich, das die Bürger nicht das aktuelle Wissen haben über diesem Bereich und sie meinem es Wissen, was alles damit zu tun hat.

Hier sind einige Aussagen der Bürger, die für mich, total unverständlich ist und das hören ich, jeden Tag auf ein neues.

- Es rentiert sich nicht mehr
- Kosten sind zu hoch
- Der Nachbar oder Kollegen meinten es wäre nichts für einen, da man zu alt sei
- Würde nichts auf das Dach passen
- Vergütung zu gering
- Förderung ist zu gering
- Sieht auf dem Dach nicht gut aus
- Brandgefahr und keine Löschung möglich
- Rentabel nur mit PV - Anlage und Batterie
- Sind zu alt und überlassen es den jungen
- Mein Vater hat gesagt.....
- Mein Stromverbrauch wäre zu gering

Bevor Sie hier weiter lesen, sollten sie sich erst einmal darüber nachdenken, wie oder was sie kaufen, das sich als rentabel erscheint oder sich bezahlt macht?

Es gibt so vieles, wo Sie ihr schwer verdientes Geld zum offenen Fenster hinaus schmeißen und nicht darüber nach denken.

Nur einige Beispiele:

Brauchen sie so viele Kleidung oder Schuhe?

Macht sich eine Auto so bezahlt, das man solche schnellen Auto braucht?

    Braucht man wirklich so viele Lebensmittel, im Überfluss?

Brauchen sie so viele Einkaufsmöglichkeiten in ihrer Umgebung?

Brauchen sie ein Telefon für unterwegs?

Wären sie nicht einmal froh, wenn sie nicht erreichbar wären unterwegs?

Brauchen wir das Internet wirklich unterwegs?

Ich möchte Ihnen nur aufzeigen, das wir so vieles als selbstverständlich sehen und es nicht merken, das wir einige Sachen nicht wirklich brauchen, weil sie nie rentabel sind oder werden. Wir sind es es gewohnt in der Gesellschaft, so vieles als Normal zu nehmen. Nur ist das alles nicht selbstverständlich. Und hier muss die Gesellschaft komplett umdenken und etwas tun, das es einfach ein bisschen besser wird im Leben und für die nach kommen.

Erst wenn sie darüber sich Gedanken gemacht haben, dann haben sie dieses verstanden und können weiter lesen und wenn nicht, dann Glückwunsch zu dem, das sie wieder einmal Geld zum Fenster hinaus geworfen haben.

Möchte hier einiges dazu schreiben und versuchen, so einfach, wie möglich auf zu zeigen, das das eine und andere nicht Wahrheitsgemäß ist und das es einfach jeder versteht, auch wenn dieser nichts mit dem Thema zu tun hat. Möchte nicht mit Regelungen oder Gesetze oder Bürokratisches hier schreiben. Es soll jeder, zu jeder Zeit verstehen und etwas Aufklärungsarbeit, mit diesem Buch leisten.

Habe mich mit vielen Kollegen über dieses Thema unterhalten und sie meinten: Es sei nicht möglich, so ein Thema, so einfach, wie nur Möglich machen. Es funktioniert nicht.

Ich möchte das Gegenteil mit diesem Buch Beweisen und es auch versuchen. Denn es kann man einfach erklären und nicht gleich mit Fachbegriffen glänzen. Und das man es Zeitlos schreiben kann ist auch noch so eine Sache, aber es ist möglich.

Dieses Thema ist kein Hexenwerk, sondern genauso leicht zu verstehen, wie Fahrrad fahren.

Aber man sollte etwas Verständnis entgegen bringen und etwas umdenken.

Auch die Denkens weise, das sieht nicht gut auf dem Dach aus oder muss noch das Dach neu richten lassen. Das ist meistens auch ein Irrtum , da wir es einschätzen können, ob es notwendig ist oder nicht. Der einfache nutzen ist es, das sie ihre Stromkosten besser in Griff bekommen können.

Sie müssen auch nicht gleich das Dach erneuern, um eine Anlage zu nutzen. Das sieht man doch von außen, ob das Dach etwas fehlt oder nicht. Man merkt doch, ob es im Innenraum feucht wird oder auch nicht.

Nicht die Schönheit Ihres Daches, kann Ihnen die Stromkosten senken.

Was mir persönlich aufgefallen ist, das jeder auf einer Art und Weise kosten sparen möchte und dies im Bereich, Lebensmittel, Kleidung oder Urlaub es tun. Und sie bedenken nicht wie sie es auch im Bereich Strom tun könnten und aus diesem Grund können wir Ihnen diese Möglichkeit aufzeigen, durch eine Berechnung und stellen Ihnen dies gerne vor.

Bevor man über eine Berechnung sich unterhalten kann, sollte man selbst einmal überlegen, welche Sachen, man selbst, in einem Leben gekauft hat, das nicht rentabel war und ist? Hierzu kann man selbst sehen, wie man selbst nach sinnlose Ausreden gesucht wird, um einiges sinnvoll zu reden. Aber wenn man etwas bekommt, wo man nichts dafür tun muss, außer eine Berechnung machen zu lassen und vielleicht 3 stunden, seiner Zeit zu Opfern, dann wird man wirklich belohnt, Dann sehen wir es in der Gesellschaft, als unrentabel. Und darüber sollte jeder selbst, einmal darüber nachdenken und es nicht ignorieren.

Bei der Aussage, das man ab einem bestimmten alter zu alt sein würde ist auch nicht richtig, da jeder etwas für die Umwelt tun kann und um Kosten zu sparen. Die Effektivität kommt immer, wenn die Anlage älter wird. Und wenn das Ihnen einer sagen sollte, dann hat er eine Veraltete Anlage oder ist neidisch, das sie etwas tun und Kosten sparen können. Und wenn sie nicht zuhause sind, dann verdienen sie noch etwas dazu und das zu wissen, ist bestimmt ein gutes Gefühl.

Ich möchte Ihnen auch noch etwas anderes aufzeigen, wie wir in unserer Tätigkeit, als Aufklärung, nur Ausreden hören und die Bürger denken, das sie auf dem richtigen glauben gekommen sind, ohne sich das eine oder andere erklären zu lassen.

Wenn sie dieses Buch, ohne es zu ende zu lesen oder meinen das das alles nur quatsch ist, was ich hier schreibe, dann haben sie das Prinzip nicht verstanden. Und ich kann Ihnen auch nicht helfen. Dann glauben sie was sie glauben und werfen sie dieses Buch weg. Dann haben sie eine Investition getätigt, das nur für den Müll bestimmt ist. Und ich wünsche Ihnen noch viel Spaß, wie sie das Geld weiterhin zum Fenster hinaus werfen. Dann bleiben sie von sich so überzeugt und wundern sie sich nicht wenn der Nachbar schlau genug war, das es wenigstens dieser Geld einspart und die Umwelt schont und den CO_2 mindert.

Und wenn sie weiter lesen, dann wünsche ich Ihnen viel Spaß beim lesen und hoffe das es leicht und verständlich zu verstehen ist?

Stellen sie sich eine Frage: Wenn es ihnen mal etwas schlecht geht oder das Geld ist knapp, weil alles in den Jahren immer teurer wird? Wie würden die Menschen, um Ihnen, dann reagieren oder zu Ihnen sagen?

Was man nicht außer acht lassen sollte, das es z.B sein kann, das es irgendwann steuern geben könnte, die einfach erhoben werden, damit die Erneuerbaren Energien, damit finanziert werden von der Regierung. Denn von Irgendwoher muss das Geld denn her kommen. Natürlich von dem Bürger.

Die Reichen haben eine PV - Anlage auf dem Dach und sie holen damit ihre steuern teils, vom Staat zurück. Es schenkt ihnen keiner etwas, das wissen alle. Nur wir können ihnen zeigen wie sie das eine und das andere sparen können und nicht Gefahr laufen, das ihnen das Geld aus der Tasche gezogen wird.

Anlagen in der Stadt oder Ländliche Anlagen? Was macht Sinn?

Es ist immer schwierig zu sagen, ob die Anlagen in der Stadt oder auf dem Lande sinnvoller sind. Fangen wir einmal in der Stadt an. Hier ist es wirklich schwierig zu sagen, wo die Effektivität sinnvoll ist, das muss man immer vor Ort ansehen und beurteilen. Weil in der Stadt kommt es meistens auf Millimeter an und eventuell ist etwas im Wege, wie eine Sat Schüssel , eine Gaube oder mehrere Fenster. Aber es ist alles immer nicht so schlimm und man muss in jenem Fall immer ansehen, wie das komplette Packet aussieht und von einem Fachmann beurteilen lassen, das es wirklich immer um Kleinigkeiten geht und diese kann man besprechen und beseitigen.

In der Stadt sieht es so aus. Reihenhäuser haben die Herausforderung, das sie meist schmal sind, wir reden hier von max. 5,50m bis eventuell 6,50m. Hier ist es eine Aufgabe zu bewältigen, den richtigen Platz, für die Anlage zu finden und zu realisieren. Aber es ist nicht unmöglich. Wir haben schon Häuser mit einer breite von 5m gehabt und hier war noch ein Fenster im Wege und diese Herausforderung haben wir auch gemeistert und die Besitzer sind begeistert, das sie endlich Stromkosten einsparen können. Hier hat auch jede Firma gesagt, das die Effektivität sich hier nicht lohnen würde. Man muss hier immer offen reden und die Aussichten nicht immer versperren. Und das habe ich mir zur Aufgabe gemacht, das jeder Hausbesitzer eine gerechte Veranschaulichung hat und das alles in der Berechnung mit einfließt.

Natürlich ist es immer besser, wenn die Häuser groß sind und etwas freier stehen würden, dann brächte hier keiner sich einmal Gedanken machen, bekommt man die Anlage auf das Dach oder nicht. Das ist doch viel zu einfach und wenn man hier die Parameter aufnimmt, dann geht das ziemlich schnell. Egal wie schwer oder einfach die Sachlage ist, es ist jede Lage und jedes Haus dafür geeignet und es kommt auch auf die kleinste Fläche an. Und hier ist es auch die Jahre über immer gesagt wurden, das sich kleine Flächen, sich nie rentieren würden. Man muss auch in dieser Aussage, einmal die Weg-Gesetze einmal betrachten und mit heute vergleichen. Es ist auch richtig das man die mindest Größe, von den kleinst angebotenen Anlage, zu beachten ist. Diese Informationen bekommen sie von den jeweiligen Firmen und Stadtwerken. Es ändert sich laufend etwas und man kommt auch hier darauf, das man mit der Zeit gehen muss und immer Up- to- date sein muss und es immer wichtiger wird etwas zu machen für die Umwelt.Man muss immer, in der Stadt, auf die Baulich Substanz mehr achten und einige kleine Vorschriften kennen und beachten und dann kann man das eine oder andere beurteilen. Hier kommt es wirklich auf Kleinigkeiten an und das kann der Bürger nicht alleine sehen oder erkennen. Nur in der Stadt ist in den Vergangenen Jahren, das Thema, Umweltschutz und PV- Anlagen, viel zu wenig aufgeklärt worden und gar nicht mit den Bürger gesprochen. Und Vielleicht kommt auch hier die Meinungen der Bürger, das sich das Thema für keinen in der Stadt rentabel sei. Ich bin der Meinung und ich stehe auch dazu, das es immer eine sehr gute Effektivität aufzeigt. Es kommt immer darauf an, wie man es selbst betrachtet und beurteilt.

Auf dem Lande ist es viel einfacher und es sieht immer auch anders aus, da die Häuser weit auseinander stehen und nicht so gepresst sind, wie in der Stadt. Hier kann man auch immer anders agieren und sich keine Sorge machen, ob es klappt oder nicht. Es ist auch keine Kunst es zu erkennen, ob man hier etwas machen kann oder nicht. Freie Flächen, großes Haus und nur noch die Lage entnehmen und fertig. Das ist wirklich keine Kunst. Aus diesem Grund hat man über die Jahre, immer die Ländlichen Gegenden bevorzugt und aufgeklärt und bearbeitet. Und die dazugehörigen Freiflächen in angriff genommen. Der einzige Nachteil ist auf dem lande, ist das die Häuser, von der Baulichen Substanz, immer älter sind und die Bürger richtig einfach sind und sie kennen den einen oder Vorteil von den Anlagen.

Schon gewusst? Oder nicht gewusst?

Man kann sich wirklich vieles vorstellen, aber über andere Sachen darf man nicht nachdenken. Es ist erstaunlich wie viele Fachleute in der Photovoltaik Branche gibt. Durch meine Tätigkeit habe ich sehr viele Menschen kennen gelernt. Was daran erstaunlich ist, ist das diese es ohne Programme zu errechnen, das sich , bei Ihnen , eine PV – Anlage, sich nicht rentabel machen würde. Da kann man wirklich nur staunen und sie würden die aktuellen EEG – Gesetzes auch noch kennen und sind so von dem überzeugt. Wenn man genauer nach fragt, dann stellt sich heraus, das sie nicht die wichtigsten Parameter mit eingerechnet haben und sich dann so erstaunt, weil man dann das Nachbar Dach nimmt und dieser hat eine Anlage auf dem Dach und bei ihm ist es rentabel.

Was ich damit sagen möchte, ist, das die Menschen noch so mit dem Halb wissen, das sie vor 4-5 Jahren noch im Kopf haben und sich von dem Wissen nicht abkommen lassen.

Auf so eine Frage , hacke ich einfach nochmal nach und möchte schon wissen, wie sie zu diesem Erkenntnis gekommen sind. Weil ich merke schon im Vorfeld, ob die Menschen nur eine Ausrede haben oder sie null Lust haben sich zu unterhalten.

Es hat nichts mit dem Einspeisegesetz zu tun.

Nicht das ganze Dach Dach wird voll gemacht. Es wird immer nach dem Eigentlichen Verbrauch berechnet.

Die Anlage Produzieren den gebrauchten Strom im Haushalt und dieser wird sofort gebraucht und der überschüssige Strom wird ins das Öffentliche Netz eingespeist uns Sie bekommen dass Geld vergütet.

Förderungen bekommen Sie noch vom Staat und diese müssen bei Ihrer Hausbank beantragt werden.

Wenn die Anlage gemietet ist, dann bekommen sie eine Förderung von dem Stromversorger. Hierzu bekommen sie immer eine Beratung beim Stromversorger.

Die Menschen wissen immer nur soviel, wie sie sich damit beschäftigen und hierzu ändert sich immer etwas in einem Jahr. Diese Regelung wurde zu Gunsten der Hausbesitzer gemacht, da man erkannt hat, das es nicht mehr so weiter gehen kann und die Bürger immer weniger Geld im Geldbeutel hat. Denn jetzt müssen die Bürger etwas umdenken und auch einmal die Fachkundige Beratung zulassen und zuhören.

Wenn wir alle so weiter machen, dann werden die kosten auf unsere Lebensmittel, Kleidung oder Steuern auferlegt, damit die Kosten , der Umweltschäden beglichen werden können. Wenn jeder ein Fachmann ist, dann hätte bereits jetzt, jeder 3te eine Photovoltaik – Anlage auf dem Dach. Bei den Einwohnen Zahlen, in Deutschland, wären das viele Menschen. Leider ist das nicht die Realität und die Bürger sind nur falsch informiert und wissen es nicht besser und genau aus dem Grund machen ich diese Arbeit und ich weiß, das es der Gesellschaft irgendwann nützt und sie es einsehen. Wenn das jeder Bürger eine Richtige Berechnung durchführen lassen würde, dann hätten wir wenig Zeit, um eine Pause zu machen oder sogar Feierabend. Wir machen das gerne und verstehen, das mache Menschen noch so unwissend sind und verurteilen diese auch nicht. Obwohl dies manchmal echt witzig ist, ich sehe das so und die Menschen echt nur Ausreden haben, um es nicht zu machen. Wenn wirklich etwas passiert ist, dann versteht man das auch, aber nicht, wenn man dem Menschen ins Gesicht schaut und diese lügt was das zeug hält, dann ist das nur dumm.

Das wäre das gleiche, wenn man sein Haus nicht Dämme würde, da man sich das errechnen hat lassen, das man sich die Heizkosten sparen würde. Hier ist das so, das man sich wirklich nichts spart, sondern nur eine andere Wäre im Haus hat. Was sie hier ausgeben, da können sie wirklich ihr Haus heizen bis sie wirklich umfallen. Hier ist die Effektivität gleich null.

Überlegen sie einmal, wenn sie ein Altbau, so hermetisch abriegeln, so das das Mauerwerk nicht mehr atmen kann, das kann auch hier kein Lust Austausch statt finden und das Kondenswasser bleibt im Mauerwerk und irgendwann fängt es das schimmeln an. Denken sie mal nach, warum ein Haus über den Winter, solange stehen müsste? Damit das Mauerwerk sich an die Gegebenheit gewöhnen konnte und die Ausblasungen sich bilden konnten. Jetzt wird alles schnell schnell gebaut und es hält nicht solange wie ein Alt gebautes Haus. Man hat Probleme mit dem Schimmel, den Rissen, da sich das Mauerwerk bewegt und und und.

Woher ich das weiß, war lange genug auf dem Bau um solche Sachen sehen zu können. Und hier heißt es dann auch. Schnell wieder zupflastern und hoffen das nichts in den nächsten 5 Jahren passiert. Auf dem Bau ist das Normal heutzutage. Auch wenn das keine zugibt. Da kommt der Druck von so vielen Seiten. Klar, hier geht es um richtig viel Geld.

Was auch die Menschen denken, das die Ausrichtung falsch wäre, stimmt auch nicht ganz. Und zwar geht die Südseite, und die Ost- und Westseite auch. Ost- Westseite ist sogar richtig effektiv gegenüber die Südseite. Da man z.b. auf jeder Seite, eine Anlage montieren kann und man da die Wanderung der Sonne komplett ausnutzen kann, wobei das bei einer Südseite nicht so der Fall ist und hier wird die Anlage auf das übelste beansprucht und hier können so genannte „Hotspots" entstehen. Das heißt das die Anlage öfters gewartet werden muss und da können die Reparaturarbeiten in das Geld gehen. Wenn man ein Ost- Westseite hat, dann wird die Anlage extrem geschont und die Anlage ist auch dann nicht so Anfällig. Man kann es auch auf die Nordseite legen und dann kann man hier nur das Tageslicht nutzen und keine Sonneneinstrahlung. Norden wird auch meistens im Privaten Bereich nicht belegt.

PV- Anlage früher , nur Einspeisung Möglich

Wie die Photovoltaik Branche angefangen hat, hat man immer Größere Anlagen gebaut, auf Äckern und später dann auf Komplette Dächer gesetzt. Hier hat man von der Vergütung her, viel Geld bekommen und dann hat man versucht, Masse an Strom, in das Netz einzuspeisen. Die Vergütung ging Jahr für Jahr immer weiter runter und die Anlagen wurden auch immer günstiger, von der Anschaffung. Die Bürger/ Gesellschaft hat die PV – Anlagen immer noch so im Kopf. Dies ist auch nicht mehr wirtschaftlich, da die EEG - Verordnung sich sehr geändert hat. Vorher war es lukrativ für Große Firmen und Bauern sehr gut zu investieren und hier haben sie teilweise, die Goldene Nase verdient und verschweigen dies, bis zum heutigen Zeitpunkt. Die meisten Anlagen wurden nie gewartet und auch nicht unbedingt mal irgendetwas von Fachleuten nachgesehen, ob etwas defekt ist mit der Anlage.

Da sagte man: Wenn nichts größeres passiert, dann spare ich mir das Geld.

Hier wurde auch am falschen Ende gespart. Anlage brannten ab.

Die Betreiber waren teilweise auch nicht versichert und bekamen kein Geld von den Versicherungen. Hier wurden viele Betreiber nicht mal von den Solar – Firmen aufgeklärt. Hier ging es nur ums große Geld machen und weniger um die Sicherheit und hier wurden auf den Dächern, so gelegt, egal wie, das diese nur mit Masse voll waren. Egal ob dies Fachgerecht verbaut wurde oder nicht.

Hier galt das Motto: Was der Kunde nicht weiß, ist mir Egal. Hauptsache ich verdiene das Geld und mir geht es gut. Quer Verbaute Anlagen sind viele zu sehen und da ist die Frage, wie lange diese Anlage Funktioniert.

Und viele Betreiber meckern dann auch , das die Anlagen nichts taugen oder schlecht in der Verarbeitung sind oder Hitzewallungen entstehen können und und und . Und warum macht die Menschen das ? Einfach, sie wollen von ihrem eigenen Fehler, die sie bei den anlagen missachtet haben, weg meckern. Und so entstehen auch diese Unwahrheiten um diese Anlagen. Auch das diese Betreiber mit den Anlagen soviel Geld gemacht haben, mit den Anlagen, sagt ihnen auch kein Betreiber.

PV – Anlage/ Strom Selbstnutzung
Batterie/Speicher Medium

Hier können die Hausbesitzer ihren eigen Produzierten Strom, im eigenen Haus selbst nutzen und der Reststrom wird dann in das Öffentliche Netz eingespeist und hierzu kommt dieser, die Vertraglich festgesetzte Vergütung. Jeder Hausbesitzer meint, das sich die Effektivität nicht mehr sich ergibt, weil die Förderungen, vom Staat, in den Vergangenen Jahren nach unten gingen und evtl. meint, das es nichts mehr geht dafür.

Das ist alles ein Irrtum, da sich keiner mit dem EEG - Gesetz beschäftigt hatte, oder viele sich auf die Aussagen, des Nachbarn beruft oder auf dies, was er aufgeschnappt hatte über die Jahren. Sie wollen nicht mehr selbst tätig werden und sich von Fachberatern, eine Information geben zu lassen.

Hier denken auch viele, was vor Jahren noch funktioniert hat, das wird es auch den nächsten Jahren funktionieren. Das ist auch ein Irrtum.

Hier geht es um den Strom den Sie Produzieren und er dann direkt, in ihrem eigenen Haus auch genutzt werden kann.

Hier wird das Dach nicht mehr voll gemacht und kreuz und quer verlegt, sondern hier wird es nach Ihrem Stromverbrauch berechnet und ermittelt, wie groß Ihre Anlage sein müsste um Ihrem Verbrauch so zu decken, das sich Ihre Anlage, sich wirtschaftlich erweist und das sie nichts mehr dazu zahlen müssten. Das Funktioniert nicht immer, aber es funktioniert in über die Hälfte der fällen, auch wo man es nicht erwartet hatte.

Hierzu müssen viele Parameter zusammen passen und die Ausrichtung ist ein sehr kleiner Punkt in der Berechnung. Es ist richtig das es jeden seine Sache ist, ob oder ob nicht. Wir kommen meist von den Stadtwerken und machen ein Kostenlose und unverbindliche Prüfen der ganzen Sachlage. Dazu besprechen wir mit Ihnen etliche Sachen und klären dann das eine oder andere, was sehr wichtig ist für unsere Berechnung. Hier ist es ein langer Prozess, bis man von einer PV – Anlage reden kann, da es verschiedene neutrale Personen, Ihr Haus erstmals begutachten müssen. Dann wird erst, in einem Bericht gemacht und es wird dazu entschieden, ob man eine Anlage, für sinnvoll erweisen würde.

Hierzu reden wir nur von einer Anlage und **_ohne_** Batterie, da sich die Wirtschaftlichkeit immer verschlechtert wird. Batterie kosten sind teuer und diese kosten bekommen sie nie in den ersten 5 Jahren wieder hinein. Da sollte man immer erst die PV - Anlage sich zulegen und dann erst im Winter ermitteln Sie selbst, wie viel Strom Sie selbst tagsüber und nachts verbrauchen, da Sie sich die Stromstände aufschreiben, eine Woche Tagsüber und die andere Woche Nachts über. Dann können die Stadtwerke ihre passende Größe der Batterie ermitteln, die Sie brauchen und eine die auch sinnvoll für sie ist.

Klar, kann man die Batterie 1:1 oder 1:1,5 ihnen verkaufen. Hier geht es um Geld und nicht um die Effektivität. Die Stadtwerke wollen Ihnen helfen und nicht den Reibach machen.

Bei der Batterie müssen Sie auf Qualität gucken und dies spiegelt sich dann auch wieder im Preis. Höher Preis, dann sollte auch die Qualität stimmen. Dies muss man immer beim Fachberater erfragen und sich klar und deutlich darüber unterhalten.

Hierzu muss es auch wirklich Überprüft werden, ob es wirklich Sinn macht, ob man eine Speicherung benötigt oder auch nicht. Und dies kann man wirklich sinnvoll ermitteln, indem man in den Winter Monaten, den Stromverbrauch abliest und die Abwechselnd Tag und Nachtbetrieb. Wenn man dies wochenweise abliest, dann sieht man wirklich, die Größe der Batterie.

Mein Tipp:

Bitte nehmen sie sich 4 Wochen lang Zeit und dies zu machen und dann sind sie auf der Sichern Seite und brachen sich keine Gedanken machen, dass man Ihnen eine zu große oder zu kleine Batterie verkaufen möchte. Nicht auf die Größe kommt es an, sondern auf das richtige Produkt und die richtige Beratung.

Hier gilt nicht der Satz: GEIZ IST GEIL!!

Bitte achten Sie auch darauf, das sie eine Batterie kaufen, die auch lernfähig ist. Diese lernt dann Ihren Tages Gewohnheiten und speichert dies dann auch ab und nach einem Jahr Lernfasse, weiß diese dann diese und sie kann dann auch die Speicher Vorgänge besser Koordinieren.

PV – Anlage ist nicht wirtschaftlich mit der Batterie

Batterie ist nur eine Ergänzung zur PV – Anlage und wird die Wirtschaftlichkeit mindern und die Effektivität wird erst später eintreten.

Löschung der Anlage

Diese Erkenntnisse gab es auch, da keiner wusste, ob die Feuerwehr, den Löschschaum auf den Autos haben oder nicht. Man kann die Anlagen, bis auf 5 Metern nähern und komplett löschen.

Man hört immer mal, das Brände auftauchen, wo eine PV – Anlage auf de Dach montiert ist und abgebrannt ist. Meistens stellt sich heraus, das immer Brand im Haus entstanden ist und nicht an der PV – Anlage. Dieses Thema ist schwirig hier eine große Aussage zu treffen, aber es ist weniger Möglich das die Anlage eine Brandgefahr darstellt, da diese zumal komplett abgesichert ist und nach den DIN – Normen getestet sind.

Man sollte sich auch hier einmal Nachdenken:

Warum haben sehr viele Feuerwehrhäuser ein Anlage auf dem Dach? Fragen sie sich das mal?

Weil diese Angst haben, das sie keine Arbeit mehr haben könnten und sie brennen gleich ihre eigenen Häuser ab? Nein, es gibt nur einen Grund, weil sie wissen, wenn es brennt, dann kann es zu höchster Wahrscheinlichkeit nur in einem Gebäude brennen, oder erst anfangen.

Weil sie wissen, das sie ihren eigenen Strom Produzieren und selbst nutzen können, um Kosten zu sparen. Ich weiß das man es leicht haben kann. Das sind auch ausreden, die man einfach mal überdenken muss und selbst einsehen, das einiges, das die Bürger denken, wirklich nicht wahr sind. Sie glauben das, weil man es irgendwo mal gehört hat. Oder das beste ist noch, warum mietet ein Bürger eine Wohnung, in einem Mietshaus, wo ein Anlage auf dem Dach hat? Hier speist die Anlage wirklich nur ein und der Mieter hat wirklich nichts davon. Und hier macht sich keiner Gedanken und jammert, das das Haus und ihr Hab und Gut abbrennt. Hier wundert mich nichts mehr. Und wenn man sie darauf anspricht, dann wissen sie nichts mehr, das sie sagen können. Oder die beste Antwort: Das hab ich nicht gesehen.

Aber auf dem eigenen Haus ein zu haben, wollen diese dann auch keine. Weil sie sich mit dem Thema nicht befasst haben.

Entsorgung der Anlage

Das ist jetzt ein Thema, das ich wirklich nicht verstehen kann und nie werde, wie die Bürger Denken. Es ist wirklich so komisch und lachhaft, wie man sich einiges einreden kann.

Viele Bürger meinen, das man ein PV – Anlage nicht vernünftig Entsorgen kann? Das stimmt nicht wie man es so meint oder sich einreden lässt. Diese kann man besser Entsorgen, als manche Materialien oder Stoffe die man im eigenen Haus verbaut oder was man im täglichen Leben braucht und benutzt. Es ist so komisch, wie man so denken kann. Es gibt Materialien im täglichen Gebrauch wo hunderte von Jahren brauchen, bis sie zersetzt sind, von der Natur, oder bei den Stoffen, wo es nicht funktioniert, das die sich zersetzen. Da muss man das Thema mal ansehen, wie es mit Kunststoffen aussieht? Machen sich das die Menschen mal Gedanken drüber? Nein, tun wir nicht

1. Da sagt man sich :
2. man braucht es
3. es gehört zum Leben
4. es ist sinnvoll
5. schützt unsere Lebensmittel
6. es ist Egal was nach mir passiert
7. Atomenergie Nein Danke
8. man muss auf die Umwelt gucken
9. Es war schon immer da

Man könnte noch mehr auflisten. Wir haben solche Stoffe bereits in der Kleidung, an Lebensmittel in Form von Dosen oder man fährt jeden Tag damit und man hat es zu genüge im Haushalt.

Aber solche Ausreden zu haben und zu behaupten, das ein PV – Anlage schädlich ist. Ich finde das echt Lustig und traurig zugleich, wenn ich das höre. Und hier merkt man selbst, das es keiner verstanden hat. Jeder schimpft darüber, das man etwas tun soll, um unsere Umwelt zu schützen, aber wenn es um den Strom geht, dann will das keiner. Der Bürger braucht wirklich etwas, das dieser nur schimpfen kann. Erneuerbaren Energien funktioniert auch nicht, ohne solchen Stoffen.

Eine PV – Anlage ist nicht so schädlich, für die Umwelt, als unser Tägliches Leben. Wenn man die Täglichen gebrauchten Kunstoffe anguckt, dann kann es einem nur schlecht werden.

Wenn man das bei der PV – Anlage sieht, dann ist das deutlich geringer, als man es an einem Tag benutzt. Und es bringt dem Bürger sogar etwas, das dieser Hausbesitzer seinen Stromkosten Beitrag unter Kontrolle bekommt und hier wirklich etwas für die Umwelt macht.

Hier gilt der Satz:

Wer etwas macht, der kann in seinen eigenen Geldbeutel sparen und hat eine bessere Rendite, als auf einer Bank

Erst müssen viele Bürger erstmals hier den Gedanken ansetzen.

Steuerberater/Steuern

Hier ist es ein großes Thema, da immer die Steuerberater denken, das sie, als Privatperson, die Anlage, als Groß Unternehmer nutzen und den ganzen Strom, den Sie produzieren, komplett in das Öffentliche Netz eingespeist wird. Sie bedenken nicht, das es evtl. eine PV – Anlage, die im privaten Bereich genutzt wird. Und sie wissen auch nicht das die Stadtwerke nur die Anlage, so groß machen, wie ihr Stromverbrauch eigentlich ist. Es besteht auf allen Ebenen aufklärungs- und Schulungsbedarf. Denn es sind nur Anlagen, unter 10KWp. Dazu sollten sie, ihrem Steuerberater einmal die Möglichkeit geben, sich bei den Stadtwerken zu Informieren. Hier stehen Ihnen die Stadtwerken zur Seite und helfen Ihnen auch bei den Formularen. Hierzu gibt es auch Regelungen und diese sollten sie beim Örtlichen Finanzamt erklären lassen. Alles unter 10KWp gilt als Privat genutzte Anlage. Fragen Sie doch einfach bei den Stadtwerken oder bei Ihrem Fachberater nach. Man kann hier wirklich viele Fehler machen und wenn ein Fehler vorhanden ist, dann kann man ihn sehr schwer korrigieren. Wenn alle an einem Strang ziehen, dann denken viele Hausbesitzer etwas anders und die Denkens weise einer PV – Anlage wird durch aktuelles Wissen besser und man redet etwas anders darüber.

Beim Finanzamt einzureichenden Formularen:

- Anlage G und Anlage EÜR bitte ausfüllen

Und alles das über 10KWp ist, dies gilt alt Gewerblich genutzte Anlage.

Bonität:

Bei der Bonität, wird der Kunde immer überprüft, ob der eine Anlage Kaufen oder Mieten kann. Und das verfahren hängt irgendwie mit den Zahlungen der Früheren Beiträgen, an den Stromversorger. Der Versorger weiß auch über die Aktivitäten , bei den Internet Anbietern beschied. Denn sie melden es dem Stromversorger, der immer für den Strombedarf zuständig ist und sie verdienen immer daran und sie bekommen so oder so ihr Geld. Ich weiß auch nicht, wie sie das beurteilen, ob der Kunde flüssig ist oder auch nicht. Und das wird kein Stromversorger preis geben, wie sie ihren Kunden beurteilen und vor allem nach was?

Man kann glauben, das es einmal jeder wissen möchte und das hier auch mal gesagt wird, warum und weswegen. Und vor allem, wenn man etwas war, als man wirklich etwas knapp bei Kasse war.

Das ist bestimmt schon jedem einmal passiert. Egal was man auf raten kauft, da muss die Bonität überprüft werden, auch diesem Bereich. Man weiß auch das in der Branche, welche gibt, die die Bonität noch strenger setzen und sehr viele Kunden, keine Anlagen bekommt. Man weiß einfach nicht, wie sie das überprüfen, aber hier sollten die Bedingungen auf ein Stand gebracht werden und nicht das das jeder so prüfen kann, wie es einem recht ist. Hier ist wirklich noch Handlungsbedarf.

PV – Anlage zur Miete und zum Kauf

Kauf :

Jeder sagt das eine Anlage viel Kosten würde, das stimmt nur zum Teil. Es kommt immer darauf an was noch zu tun ist, wenn das Haus etwas Älter ist, oder wenn noch andere Baulichen Maßnahmen zu tätigen sind.

Anlage kann man kaufen und da weiß jeder das hier die Kosten zur Anlage noch hinzu kommen.

- Aufbau der Anlage
    - Instandsetzung verschiedener Baulichen Maßnahmen, z.b Stromkasten/Zählertausch
    - Gerüstaufbau
    - Setzung der Anlage
    - Inbetriebnahme der Anlage
    - Anmeldung der Anlage
    - All Risiko- oder All in One Versicherung
    - Wartungsvertrag

Bitte vergessen Sie nicht, das sie noch Geld beiseite legen müssen für Reparaturen und für regelmäßige Wartungen. Hier wird der Kunde durchleuchtet von dem Stromversorger und dieser prüft, ob man auch würdig ist, das der Kunde die Anlage auch bezahlen kann oder ob dieser seine vergangenen Rechnungen bezahlen konnte und entscheidet, ob dieser eine Anlage bekommt.

Bei der Ertragsversicherung bitte auch einmal angucken, ob diese auch den Strom bedarf Ihrer Anlage versichert. Das wenn die Anlage einmal im Jahr nicht soviel Strom Produziert , wie sie von Anfang an es tat, dann können sie dies der Versicherung angeben, mit der Stromrechnung, was sie verbraucht und eingespeist haben. Dann bekommen sie das Geld von der Versicherung. Meistens hat man eine Einbusse von ca. 10 Prozent. Das muss man selbst Tragen. Alles andere, wenn es weniger sein sollte, das tritt dafür die Versicherung ein.

Diese Versicherung kostet meistens ein paar Euro mehr, aber man ist dann auf der Sicheren Seite, wenn man seine Regelmäßigen Wartungen macht. Diese kann man bei der Firma machen, wo sie ihre Anlage montiert bekommen haben. Und bei der Gebäudeversicherung dies angeben, das sie eine Anlage montiert bekommen. Das hier der Versicherungsschutz nicht erlischt.

Wenn man dies berücksichtigt, dann kann nichts mehr passieren und die Anlage kann ruhiges Gewissen betrieben werden.

Miete:

Bei der Miete ist meistens immer alles drinnen. Man muss hier nur noch die Mietpauschale zahlen und sich um nichts kümmern. Es wird alles für einen gemacht und das Risiko ist dann immer bei den Betreiber der Anlage und sie können in aller Ruhe den Strom produzieren, Nutzen und für den Verkauften Strom, bekommen Sie die Vergütung. Die Stadtwerke geben dem Kunden sogar soviel Förderungen, das sich die Anlage für sie schnellstens rentabel macht. Es ist richtig das diese Anlage etwas kostet. Sie haben keinerlei Aktion, wo sie sich kümmern müssten. Wenn die Anlange mal nicht funktioniert, dann können sie eine Mietminderung veranschlagen, wie bei einer Mietwohnung.

Wenn man es genau nimmt, können sie durch den Mietpreis, die Anlage für einen Apfel und Ei erwerben. Wenn man es fast genau nimmt, dann zahlen Sie weniger, für die Anlage, als wenn sie sie kaufen würden. Alles mit drinnen, sogar eine Versicherung.

Auch hier wird die Bonität des Kunden vom Stromversorger überprüft und dieser möchte auch wissen, ob der Kunde in der Zukunft, seine Miete zahlen kann und hier auch keine Schwierigkeiten entstehen können. Es ist wie bei allem, jeder möchte sicher sein, das alles in Ordnung ist.

Bei der Ertragsversicherung sollte man auch hier, das Klein gedruckte lesen und sicherstellen, das hier die Versicherung alles beinhaltet und auch wenn die Anlage, mal nicht soviel Strom produziert, wie sie es sollte, das auch dies abgedeckt ist. Denn auf beiden Seiten sollte dies komplett abgesichert sein.

Und einmal bei der Gebäudeversicherung immer angeben, das sie eine Anlage montiert bekommen haben. Sonst erlischt der Versicherungsschutz. Am Schluss der Laufzeit ist es meist so, bitte die Vertragsunterlagen immer lesen, das die Anlage meistens geschätzt wird, mit dem Restwert bewertet und sie haben eine Funktionsfähige Anlage die im besten Zustand ist, als wenn sie sie kaufen würden und die Anlage kann Ihnen noch länger Freude machen. Meist reparieren die Stadtwerke alles, bevor die Laufzeit endet und sie haben noch die besten Vorteile, die man haben kann. Günstiger können sie nicht an eine Strom erzeugende Photovoltaik Anlage nicht kommen.

Bekommen alles in einer Laufzeit, brauchen sich um nicht kümmern und haben nach der Laufzeit eine komplett Neue Anlage, bei der sie wissen, das diese Top in Schuss ist. Wissen sie dies, wenn sie diese gekauft hätten? Ich glaube mal nicht.

Egal zu welchem Thema Sie etwas wissen möchten, bitte sich einfach bei den Energie- Versorger informieren und einfach einen Fachberater zu sich, nach Hause kommen lassen und einmal richtig aufklären lassen. Das sind hier nur Beispiele, wie es sein kann. Denn in diesem Bereich gibt es einfach verschiedene Möglichkeiten, die man haben kann. Man muss einfach, das beste für sich heraus suchen.

Änderungen in der Branche

Habe es mir einmal durch den Kopf gehen lassen und es war so:

Man kann sich als Außenstehender nicht vorstellen, was sich alles, im Bereich Photovoltaik gibt oder gegeben hat. Man hört nur das, was man selbst aufnimmt.

Ich bin mir ziemlich sicher, das sich noch einiges gemacht wird, das es viele Menschen, eine PV – Anlage, auf ihrem Dach bekommen. Denn wie wir alle wissen, das die Stromversorger, noch einiges, dem Kunden bieten müssen und das werden sie auch machen. Denn was gerade, in der Branche passiert, das wird richtig gut und die Kunden Profitieren, dann auch immer mehr.

Sie werden immer mehr Förderungen von den Stromversorger bekommen, denn wie jeder weiß, es muss attraktiv sein und auch bleiben. Hier wird wirklich viel darüber nachgedacht, wie man es dem

Kunden begreiflich machen kann. Dafür wird es uns, Außendienst Mitarbeiter geben, die dann direkt zum Kunden müssen, um mit ihm zu reden, um dann zu ermitteln können, was der Kunde möchte und wie es dann weiter geht.

Die Modelle werden sich auch dann in den Jahren verändern und es wird auch dann immer kompakter. Bald wird alles zusammen angeboten.

Man muss hier alles mal angucken, denn die einen verlangen vorkosten und die Strombetreiber verlangen dies nicht. Die Angebote werden irgendwann so umfangreich und es wird sich immer mehr effektiv für sie. Es werden alle davon profitieren, aber wer zuerst mit dabei ist, der Profitiert immer mehr. Denn diese werden angeschrieben und sie werden über alle Erneuerungen informiert und sie werden immer als erstes, in Kenntnis gebracht. Oder auch wenn andere Verbesserungen sich ergeben, dann wissen diese, als erstes davon.

Was wir an der Tür alles erleben?

Hier möchte ich einige Beispiele aufzeigen, wie oder was wir an der Haustüre erleben und was nach der Beratung alles passiert und wie sich die Bürger von dem einen oder anderen beeinflussen lassen.

Eines Tages habe ich bei einem Jungen Ehepaar geklingelt und hatte die Frau an der Tür und sprach etwas mit ihr und sie meinte, der Mann schläft noch und wir machten einem festen Termin aus.

An diesem besagten Termin war ich pünktlich und nahm diesen wahr und die Frau machte mir dann auf und bat mich rein. Da lernte ich den Mann und eines ihres Kinder kennen. Das Ehepaar war ziemlich jung, ca. Anfang 30. Wir redeten ausführlich über dieses Thema und sie wahren interessiert und baten mich um eine E-Check Aufnahme und ich tat das auch.

Sie gaben mir die letzte Stromrechnung, den sie hatten und ich klärte einiges ab. Den Strombedarf von Ihnen waren trotz 2 kleinen Kindern , hoch. Ich machte die Fotos, die ich benötigte und bedankte mich für ihr Interesse und verabschiedete mich und gab alles noch am gleichen Tag zur Berechnung rein.

Dachte es sei alles in Ordnung und dann kam das was jeder sich nicht vorstellen kann, sie haben mich einen Tag vor dem Termin abgesagt. Obwohl sie von der Berechnung gleich im ersten Jahr im Plus wären und da durch den Strombedarf den sie hatten, wirklich einen guten schnitt bekommen hätten. Nur 6 Module haben auf ihr Dach gepasst und das noch auf Mietbasis.

Nach ein paar Tagen habe ich dort nochmals nachgefragt, dann bekam ich eine Antwort:

Mein Vater meinte, es würde sich nicht rechnen, ohne ein Batterie zu haben. Und er würde sich dort sehr gut auskennen. Da fragt ich: Wie alt dieses Wissen sei, von seinem Vater und er lenkte ab und plötzlich verabschiedete er sich.

Nach diesem Gespräch dachte ich mir, das die sich wirklich nicht vernünftig informiert hatten und sie ihren Verwandten glauben schenken, ohne zu wissen, wie alt ihr wissen sei. Und die verschiedenen Gegebenheiten sich gesetzlich, jährlich immer ändert.

Die Bürger wissen gar nicht was sie alles hierdurch sparen könnten und nie auf das wesentlich sich konzentrieren. Ich habe die Frau, nach ca. drei Wochen nochmal auf der Straße gesehen und ihr erklärt, das sie gleich im ersten Jahr in einem Plus wären und sie keine Investitionskosten gehabt hätten, da sie noch Förderungen vom Stromversorger bekommen hätten.

Sie meinte nur zu mir: Mit Batterie ist es noch zu teuer.

Ich habe ihnen das nicht mit der Batterie Empfohlen, sondern nur die Anlage zu nehmen und den Rest einzuspeisen. Hier an diesem Beispiel sieht man wirklich, wie sich die Menschen von den Altwissen, ihrer Verwandten beeinflussen lassen und ihnen glauben schenken.

Es ist meist besser irgendwem zu glauben, als uns, die mit Materie befasst sind und sich mit den gesetzlichen Gegebenheiten vertraut sind.

Oder

Wollte ganz normal, am Abend, meine Tätigkeit angehen und kam zu einem Kunden, der mir etwas suspekt, vom ersten Eindruck, war. Und wollte mit ihm reden und der Kunde lies mich nicht zu Wort kommen. Egal was ich versucht habe, ihm zu sagen, das kamen nur Ausreden. Eine nach dem anderen und ich dachte mir nach fünf Minuten, was er möchte. Das war mir schon Egal und ich meinte ihm, ganz nett, das ich ihm nicht helfen könne, wenn er sich das nicht erklären lassen wollte. Das ich seine Einwende verstehen kann und er nicht auf den neuesten Stand der Dinge sei und nur ein Halbwissen hätte. Er guckte mich mit knall rotem Kopf an und verschloss die Tür.

Ich musste das Gespräch beenden, da der Kunde nur eines im Kopf hatte:

Was sagen meine Nachbarn, wenn ich eine Anlage auf dem Dach hätte?

Wie viele das hier machen würden?

Wenn man mit ihm eine ganze Stunde sich unterhalten würde, dann hätte er 100 Ausreden, um es nicht machen zu müssen oder zu erklären lassen.

So ein Kunde empfindet meistens, das man ihn in den Ruin treiben möchte und er es nicht so direkt zu einem sagen kann, das er kein Interesse hat.

Und mit solchen Menschen hat man immer Schwierigkeiten und man kann auf solche verzichten. Man möchte Kunden haben, die es verstanden haben und nicht solche, die nur unsere Ressourcen verschwenden und sich beschweren, wenn alles teurer wird und sie sich als Opfer sehen und sich dann denken, hätte ich das nur früher gemacht. Dann könnte man Geld sparen und sich etwas finanzieren, z.B., den Urlaub oder die Rente auf zu bessern.

Wir freuen uns über jeden der es macht und über jeden der den treueren Strom kauft.

Ablauf der richtigen Überprüfung

Man sollte sich an den Energieversorger/Stadtwerke/Netzbetreiber wenden, um eine Professionelle Beratung zu bekommen und eine vernünftige Berechnung zu bekommen.

Der Fachberater sollte sich erst einmal Ihren Stromverbrauch angucken und mit Ihnen besprechen, auf was eigentlich an kommt

Die besagten Fotos vom Dach, Zähler und Stromkasten machen, um zu sehen, in welchen Zustand diese Substanz hat.

Überprüfung der Dachneigung und des Daches von Innen und außen. Weil hier gibt es einiges das zu beachten ist. Aufdach- Dämmung, Zwischensparren Dämmung, Balkenstärke und ob die Isolierung in Ordnung ist und den Kabelverlauf überprüfen.

Die Bausubstanz des Hauses sollte man nur in den Augenschein nehmen und zum Schluss ein Foto vom Gesamthauses zu machen.

Dann muss auch geklärt werden, welche Wünsche und Anregungen Sie haben und dies sollte auch in die Berechnung mit hinein fließen und beachtet werden.

Es Sollten auch die Belegung der Platten auf dem Dach besprochen werden, um zu sehen, wie der Berater es sich vorstellt und das Sie, dann auch sich vorstellen können, wie es eventuell später aussehen kann und das Sie sich etwas damit anfreunden können. Nur diese Vorstellung wird erst zu Schluss festgelegt, da man erst in der Berechnung sieht, wie man die Belegung machen muss. Da erst zum Schluss das Bildmaterial verwertet wird und hier werden die möglichen Verschattungen überprüft und das kann man erstmals zum Schluss sehen und dies wird Ihnen der Berater vorlegen und genau mit Ihnen besprechen.

Zu diesem zweiten Beratertermin sollten Sie sich vorbereiten und Ihr Informationsmaterial lesen und studieren, beide Lebenspartner sollten dies befolgen. Und dann kann man seine Fragen stellen und eine Aktuelle antworten bekommen. Somit weiß man dann über die Aktuelle Gesetzeslage beschied. Dann kann man mit aktuellen Erkenntnissen, sich Gedanken machen und man weiß, womit man es zu tun hat und dann sprechen Sie über **Zahlen, Daten und Fakten.**

Hierzu kann ich immer wieder sagen:

Erst durch so eine Feststellung kann man sich Gedanken machen und man ist nie zu alt, um kosten zu sparen und ihr Dach kann normal älter werden, als sie denken.

Und nun zum Schluss sollte ein Technischer Gutachter das ganze nochmals überprüfen, ob das ganze auch wirklich so Sinn macht und nur noch das eine oder andere mit dem Kunden erfragen und sein Ok geben mit der Gesamtanzahl der Module und deren Platzierungen. Mehr sollte ein Technischer Gutachter nicht mehr machen.

Dieser Gutachter ist nur noch als Bestätigung für die Energieversorger/Stadtwerke/Netzbetreiber.

Hier sollten sie immer auf der Sicheren Seite sein und darauf bestehen, das das wirklich nochmals eine unabhängige Person, das ganze überprüft und auch Ihnen Bestätigt, das das alles Hand und Fuß hat und nichts passieren kann. Dies sollte immer für den Kunden komplett kostenlos und unverbindlich sein. Nicht das Ihnen noch kosten anfallen, die Sie nicht unbedingt haben wollten.

Erkenntnissen von Firmen, Energieberatern und Bauträgern aller Art

Was mich bei diesem Thema wundert und ich mache keinem einen Vorwurf, ist das auch diese nichts genaues über Erneuerbaren Energien wissen oder ihrem Kenntnisstand noch vor 5 Jahren stehen und sich auch nicht unbedingt erkundigen. Da es gerade hier, bei den Partnern, sehr wichtig wäre, das sie es wissen sollten und auch hier den Kunden richtig aufklären und dies würde einiges erleichtern.

Da fragte ich eine Bauträger, der wirklich schöne Häuser baut und das noch Stein auf Stein. Das hat mich persönlich gefreut, das es noch Firmen gibt, die die alte Bauweise, in die Moderne bringen und dazu stehen. Da unterhielt ich mich mit dem Chef der Firma und stellte einiges fest und fragte ihm, warum er nicht eine PV- Anlage im Programm hat, wo der Kunde seinen eigenen Strom und warm Wasser Aufbereitung hätte. Er meinte, das er so was nicht kennen würde und sich nie auf solche Erneuerungen aufgeklärt wurde. Somit habe ich mich mit ihm unterhalten und klärte ihm etwas auf und nach langer abendlicher Unterhaltung hat dieser Bauträger dies in seinem Programm aufgenommen und ist richtig begeistert. Und seine Kunden haben sich auch erhöht und ich war einfach nur froh, das ich so meine Aufgabe gemacht habe. Und das nicht mal mit Überzeugung und das ist alles, nur mit Ehrlichkeit und Aufklärung.

Und aus diesem Grund mache ich meinen Job wirklich sehr gern. Wenn die Kunden das eine oder andere eher zulassen würden, dann macht es noch mehr Spaß.

Das ist nicht das einzige, das mich wundert. Sondern das mit Energieberater und Kommunen. Und das diese nicht wirkliches Wissen, ist für mich noch schwieriger zu verstehen. Ich als Normaler Berater weiß solche enerungen schon im Vorfeld und warum nicht die anderen?

Ich denke mal, das diese sich auch nicht erkundigen und es nicht wollen, weil sie immer mit dem alten noch gutes Geld verdienen kann. Es kommt nicht unbedingt auf die neuen Fenster, neue Fassade oder das neue Dach darauf an oder wie verschließt man sein Haus von außen Luft? Nicht wirklich effektiv, wenn man nicht die Bausubstanzen versteht und kennt. Bin der Meinung hier wird vieles an Unwissenheit dem Kunden als Wirklichkeit und sinnvoll verkauft. Hier musste ich immer schmunzeln und den Kopf schütteln, was hier beraten wird.

Man kann so ein großes Thema nicht beherrschen und kennen. Doch kann man, aber nur wenn man eine Altbausanierung versteht und auch diese kennt.

Ich möchte diese Berufsgruppen nicht schlecht machen, sondern darauf aufmerksam machen, das auch diese eine Bedarf, an Wissen, nach zu holen haben und es auch tun sollten. Am besten bei Fachleute die sich wirklich damit auskennen. Hier hat es nichts mit Zahlen Stoff zu tun, sondern um das einfache und wenn man das verstanden hat, kann man über Zahlen Zeugs reden und Fachsimpeln.

Man sollte sich hier im klaren sein, was man macht. Denn Häuser sind schnell zu einem Müll Haufen gemacht und es rottet, ohne Ihr wissen, unterm Hintern weg. So sehe ich das und kann etliche Lieder davon singen und sah wirklich, manchmal so einen Müll. Aber sagen durfte ich dimer nichts, da der eine so was studiert hatte und ich nicht. Ich habe mir das durch eine sehr gute Ausbildung bei bringen lassen und habe mich immer neu erkundigt. War dann lange auf dem Bau und sah dies und das und habe mir mein eigenes Bild davon gemacht und machen können. Nun kann ich , Kunden davon bewahren, das sie den selben Fehler machen, wie andere. Ich selbst muss so etwas nicht verstehen, kann mich nur wundern und jeden Tag auf das neue.

Wie ich den Job antrat und ich irgendetwas machen konnte, prüfte mich mein Chef und meine Kollegen, von meinem Wissen und sie waren erstaunt, wie meinen Kundengespräche waren und die Kunden bekommen konnte, die sie selbst nicht beraten konnten und hier ein ganz anderes Kundenprofil erweitert habe, wie es vorher bestand. Das ist wirklich Egal und es kommt nicht auf das an.

Was ich damit sagen möchte, ist das das eine oder andere nur in Kombination, wirklich einen Sinn hat und man sollte nicht so Blauäugig in der Welt Geschichte herum laufen, sondern einmal die Augen öffnen und über den Tellerrand gucken.

Ich weiß was ich kann und das kann mir keiner nehmen.

Immobilien Branche

Es wundert mich immer mehr, wenn man im Internet und die Zeitungen durch sieht, dann sieht man, das die Branche auch kein Geld verdienen möchte. Oder wissen sie das auch nicht besser? Man kann herum Spekulieren und rätseln. Auch wenn man einmal mit einem Immobilien Makler spricht, dann kommt es heraus, das immer eine Frage kommt, rentiert sich das denn noch?
Na, klar rentiert sich das. Jetzt mehr als vorher und die Branche kann ein Haus, je nach Größe der Anlage.

Es ist einfacher als denn je zuvor. Ich sage einmal, nicht jeder kennt sich mit Immobilien aus. Aber ich bin der Meinung, das man mit einem Haus, das eine PV- Anlage auf dem Dach hat, das der Immobilien Makler ca 10 – 20% mehr verdienen kann und so ein Haus, egal in welchem Zustand es ist, noch attraktiver wird, als vorher. Dann kann man sagen, das die Preise auf dem Markt noch stabiler werden.

Eine PV- Anlage macht das, denn dann ist ein Haus zukunftsweisender. Es Produziert dem Besitzer, seinem eigenen Strom.

Man sollte sich dann damit auch auskennen. Ich würde ein Haus ohne PV- Anlage nicht mal mehr kaufen, weil ich weiß, das man hier komplett drauf zahlt und ich selbst für eine Anlage mich kümmern müsste.

Was auch seltsam ist, das man Häuser nur mit Solar- Thermie für die Wasseraufbereitung kauft und man denkt, das man etwas gutes gekauft hat. Stimmt, nicht ganz. Aus dem einzigen Grund, das diese Anlage nur das Warmwasser aufbereitet und mehr nicht. Braucht direkte Sonneneinstrahlung und wenn keine Sonne vorhanden ist, dann gibt es kein warmes Wasser. Es bleibt nur ca 3-4 Tage warm und dann muss man entweder Gas oder Öl dazu benutzen, um es zu erwärmen.

Mit einer PV- Anlage kann man alles zusammen, Wasser Aufbereiten und Strom erzeugen und hierzu ist nicht einmal direkte Sonneneinstrahlung nötig. Es reicht Defuses Licht. Und jetzt hat man eine Anlage, im hause, um alles zu betreiben. Einfacher geht es wirklich nicht. Auch diese Branche muss richtig umdenken und die Preise einmal überdenken. Denn das wird mit der zeit einen richtigen Umschwung machen. Und die Immobilien Makler benötigen hierzu das richtige Verständniss und müssen sich richtig Infomieren oder sich Schulen lassen. Denn das wird der Lauf der zeit sein. Und hier kommt man, als Makler, nicht herum.
Stand der Dinge Auffrischen.

Sie müssen sich nur eines einmal Vorstellen und darüber nach denken.
Wenn sie ein haus kaufen würden und es wäre schon eine Strom erzeugende Anlage auf dem Hausdach oben und sie wissen genau, das die Anlage für die Bedürfnisse der Vorbesitzer ausgerichtet war und sie sich einiges, an ihrem Stromdedarf sparen können. Und jetzt können sie über einer Batterie darüber nach denken und ohne zu zögern, handeln und es macht sich jetzt noch effektiver, für sie, als vorher. Sie sparen sich die Kosten der Anlage und sparen sich auch noch über die Stromkosten. Und wenn sie jetzt noch etwas speichern und dann können sie noch mehr sparen und die Anlage auf dem neuesten Stand und passen diese, auf ihre Bedürfnisse ab. Dann haben sie alles richtig gemacht und man kann sagen, das sie einen guten Kauf gemacht haben.

Warum glaubt man, das reiche Menschen, immer effektivere Häuser besitzen? Nicht weil sie sich das leisten können, sondern, weil sie das Prinzip verstanden haben. Und auch wissen, wenn sie ein kleines bisschen investieren, dann kann man auf einem bestimmten Zeitraum mehr sparen.

Sonnen Energie und das Tageslicht

Man kann sich immer wieder die Frage stellen, warum haben wir die Sonne und das Tageslicht?

Jeder würde dann sagen, weil es zum täglichen Alltag gehört und sonst nichts leben könnte, ohne das Tageslicht und der Sonne. Dann frage ich mich, warum nicht jeder Mensch auf der Welt, diese Alltags Kraft sich zu nutze macht und die Menschen nicht nachdenken?

Da würden viele sagen, wir hatten das früher auch nicht. Dann ist die Frage auch zu stellen, warum haben wir jetzt die Technik und nutzen diese nicht. Früher hatten wir auch kein Auto und heute nutzt man es., als Alltägliches, das schon immer da war. Daran haben sich die Menschen auch gewöhnen müssen und die Menschen waren sich auch nicht sicher um diese Errungenschaft. Aber sie nutzten es Jahr für Jahr immer mehr, bis es jeder sich hat leisten können.

Jetzt ist auch die PV- Technik richtig bezahlbar und warum sind die Menschen immer noch so skeptisch?

Ich kann es Ihnen sagen, weil die Menschen Angst haben, das sie durch diese Errungenschaft etwas oder etwas mehr einsparen könnten und möchten nicht, das die Nachbarn, anders als vorher über diese denken sollen.

Sonnen und Tageslicht ist kostenlos auf dieser Welt und wir haben die Technik um diese Nutzbar zu machen. Dann möchte ich die Menschen bitten auch dies zu tun. Oder möchten Sie der Letzte sein, der das dann macht, wie die anderen? Oder möchten sie, die sein, die es irgendwann machen möchten und dann wegen einer Gesetzesänderung nicht mehr machen dürfen, weil es schon sehr viele Private Haushalte schon auf dem Dach haben?

Überlegen sie einfach einmal darüber nach. Und irgendwann können sie mir Ihre Antwort darauf sagen.

E-Autos und dazu passende Ladesäulen

Viele Menschen werden sich wundern, was dieses Thema mit PV- Anlagen zu tun hat? Sehr viel sogar. Wenn man sich die frage stellt, dann könnte jemand darüber nach denken und es einfach machen. Ein ökologisches Auto zu kaufen und die dazu gehörige Ladestation installieren zu lassen. Wenn man es so macht, dann bitte auch richtig.

Jetzt denken einige, das es reichen würde, wenn man es an die Steckdose koppelt? Nein, es würde nicht ausreichen.

Warum ist das so, ganz einfach.

Eine Vernünftige Lade Station ist sicher und hier hat man die dazugehörigen Stecker und man kann die Station mit dem Auto abstimmen und so regulieren, das nicht zu groß oder zu klein scheint. Und was sehr wichtig ist, das alles sicher abgestimmt ist. Wenn man Kinder, dann könnte man es verstehen und wenn mal die Stecker von der Anlage weg sind und die Kinder spielen einmal, an der Station herum, dann kann nichts passieren. Es kann eventuell die Sicherung heraus fliegen.

Man kann es einfach so sehen, das sich in den nächsten Jahren, dieses E- Auto Thema , uns sehr schnell konfrontieren kann und wird, da es immer mehr wird, vom Gedanken, ökologisch zu sein oder zu werden. Und wenn man so wie so eine Pv- Anlage hat, dann kann man sich diese Gedanken auch noch auf sich nehmen.

Man macht sich Gedanken darüber, das die E-Autos noch nicht ausgereift sind und erst in den kommenden Jahren effektiver wird. Es kann auch so sein, aber es sollte sich jeder Gedanken machen, der es in Aussicht nimmt. Man kann die Autos sehr gut in der Stadt verwenden, dann man immer, sehr schnell, nach Hause kommt oder lade Stationen in der Stadt vorhanden sind, wenn die Batterie mal leer werden sollte.

Das Thema mit den Stationen außerhalb der Stadt ist im Moment noch eine Sache für sich, aber es wird auch in den nächsten Jahren, immer besser. Und es wird auch in der Verdichtung immer mehr. Wenn man sich einmal die Karte der Stationen jetzt ansieht und die Karte mit den nächsten Jahren vergleicht, dann kann man erst sehen, wie daran gearbeitet wird. Es wird sich auch immer etwas tun. Man bedenkt einfach nicht was sinnvoll ist oder auch nicht. Möchte man etwas sparen, dann kann man das im Komplettpaket.

Das mit den Autos, ist etwas kompliziert, da einiges in den nächsten Jahren immer besser wird, da nicht nur die kleinen Kinder Krankheiten zu beheben sind, sondern man muss noch das Verständnis der Bürger hier verbessern und besser eingehen. Aufklärungsarbeit ist hier noch sehr viel zu tun.

Man kann es immer besser machen, da hier die Automobil Branche, bei den Autos teils/teil, auch auf Miete gehen und hier noch einige andere Garantien, z.b am Motor, die Angebote verbessern. Genau wegen der Unklarheiten der Motoren, wie lange diese halten, da sie komplett verbaut sind und deren Batterie. Aber ich sehe das nicht so eng, da es sich immer etwas tun wird und alles zum Positiven.

Bitte machen sie mir einen Gefallen, und zwar, das Auto nicht als Batterie Ersatz, für ihr Haus, zu benutzen oder anzusehen. Was machen sie, wenn das Auto weg ist und sie möchten den Strom speichern? Das geht nicht und wenn sie den Strom, nachts brauchen, dann Pech gehabt.

Keinen Murks machen, sondern wirklich ganz sinnvoll das ganze überlegen, mit den Zahlen, Daten und Fakten und dann auch die Produkte, mit Qualität zu nutzen.

Denn man kann sehr schnell hier unzufrieden sein und das kann richtig daneben gehen, den alles hat seinen Preis.

Es gibt auch Ladestationen für Fahrräder. Diese Informationen kann man auch bei den Versorger erfragen und das lohnt sich.

Automobil- Industrie

Ich möchte wirklich keinem zu nahe kommen, aber das muss wirklich einmal gesagt werden. Und zwar, die Automobil Branche ist nach meiner Meinung zu eigen. Das meine ich so, daß sie einfach die E-Autos, die ganze Zeit komplett ignoriert und vernachlässigt hat und immer seit Jahrzehnten gedacht, das es immer so weiter gehen kann und unsere Öl- reserven auf ewig anhalten wird. Nur das wird nichts, mit immer ewig soviel Geld machen können mit dem einem.

Nur eines wundert mich wirklich, und zwar, das die Industrie in anderen, Nicht EU Ländern, das immer weiter erforscht und weiter entwickelt wurde und dann wie es in Europa, immer Lauter wurde, und dann hatten mehr, als eine Auto- Marke ein E- Auto auf dem Markt und immer besser. Ich bin immer noch der Meinung, das Europa richtig am Schlusslicht der E-Autos und erneuerbaren Energien sind und das hier viel mehr Aufklärungsbedarf sein wird und nicht, in circa 10 Jahren wird jeder zweite oder dritte Person wird ein E- Auto besitzen. Das wird nicht so schnell laufen. Ich denke einmal, das die EU, circa 30 Jahren braucht, um einiges zu verstehen.

Wir werden mit Sicherheit, die dritte Generation abwarten müssen, um dies wirklich zu verwirklichen. Die Menschen sehen keinen Grund, mit einer PV- Anlage oder E- Auto.

Sie verstehen das nicht und wollen es auch nicht. Mehr kann man dazu nicht sagen, sondern, es muss hier richtig viel gemacht und umgedacht werden. Andere Erdteile sind uns richtig weit Voraus und da können wir selbst eine Scheibe uns abschneiden.

Meine eigenen Gedanken und Sichtweise

Wo fange ich hier den an? Mich wundert es immer, das man Menschen kennen lernt und mit ihnen spricht, das sie etwas machen möchten, aber nicht wissen, wie es funktioniert. Und das sie falsch informiert sind über dieses Thema, da immer wer anders erzählt und behauptet. Und das macht das ganze sehr schwer. Ich würde nie einen Menschen überzeugen wollen. Was ich mache ist ganz einfach. Ich rede mit dem Kunden und mache ihm dazu aufmerksam und lasse ihm selber entscheiden. Wenn ich merke, das dieser nichts verstanden hat und nur ausreden sucht, dann breche ich persönlich das Gespräch ab und geh wieder. Denn ich habe es nicht nötig.

Es wird viele und es gibt viele Menschen die sich einfach selbst belügen und mit solchen Menschen hat man immer Schwierigkeiten und genau diese werden Behauptungen in den Raum stellen und schlecht machen. Auch besser wisse braucht man nicht, denn diese Wissen immer alles besser. Auch wenn sie 1000 €uronen im Plus sind mit der Anlage.

So etwas gibt es auch. Ich meine, das jeder sich einfach einmal die Berechnung der anlange ansehen sollte und dann mit diesen Zahlen, Daten und Fakten, kann man eine Entscheidung treffen. Und nicht vorher. Das sollte man dann auch jedes Jahr machen, da sich die Gesetze immer ändern und besser werden und der Strompreis steigt auch Jahr für Jahr.

Mein Beruf hat einen Vorteil: Das wir hier dem Bürger nichts verkaufen, sondern nur Aufklärungsarbeit machen und sehen diese Arbeit total entspannt, denn Geld bekommen wir sowieso, auch wenn der Bürger, keine Anlage haben möchte.

Aus diesem Grund freue ich mich über jeden Kunden, der das macht oder es sein lässt. Und über jeden der meint, der müsse Ausreden suchen, freuen wir uns auch. Genau diese Bürger werden irgendwann das nachsehen haben, so sehe ich das.

Wenn ich ein Haus hätte, dann nur mit PV-Anlage und alles dann nach und nach. Denn man muss erste sehen, wie man mit dem ganzen zurecht kommt und das Bedürfnis ermitteln.

Jeder hat irgendwo Geld Probleme und sogar hier kann man etwas machen. Und zwar mit einer Mietanlage und hier bekommt man immer irgendwelche Förderungen vom Versorger.

Man muss sich einfach Vernünftig erkundigen. Das machen die Bürger eher weniger, denn sie wollen ihre Zeit anders verwerten und oder sagen sie hätten keine Zeit. Man hat immer zeit um seine Persönliche Bedürfnisse zu verbessern. Aus diesem Grund sind wir in den verschiedenen Orten, Netzgebiet unterwegs und klären die Bürger auf. Weil die Bürger solche genialen Investition nicht auf dem Schirm haben und oder nicht soweit denken, da sie immer, nach ihrem reden, zu beschäftigt sind.

Wir wollen dem Bürger nichts schlechtes, sondern nur etwas Hilfe anbieten. Und das geniale, das finde ich , das die Bürger, mit der Miete, immer eine Anlage haben, die immer funktioniert und immer auf dem neuesten stand ist und nach der Laufzeit eine Anlage haben, das dann im Top Zustand ist und man braucht sich hier keine Gedanken machen, das sie in den nächsten 20 Jahren nicht funktioniert.

Günstiger kann man nicht zu eine Anlage kommen

Wenn man sich damit beschäftigt und das begreift, dann würde man es genauso sehen wie ich. Wahrscheinlich kann man denken, das ich ein Welt Verbesserer bin, das kann man auch. Denn ich weiß wie das ganze funktioniert und habe auch die ganzen Anfängen mit bekommen und einiges erlebt. Ich finde dieses Thema sehr wichtig für unsere Gesellschaft und bin davon überzeugt, das hier noch sehr viel erreicht werden kann und wird. Man ist in diesem Bereich, das der eigene Strom Produziert wird und gleicht verbraucht wird, noch ganz am Anfang.

Man muss sich einfach einmal überlegen, warum die Auto und Fahrräder so im kommen sind oder warum der Strom direkt verbraucht werden kann, weil es gesetzlich möglich ist und weil die Bürger einfach sich das überlegen müssen.

Ich bin auch der Meinung, das diese Bürger, die eine Berechnung selbst, im Kopf machen können und dann sagen, es rechnet sich nicht. Dann ist meine Meinung, das sie es nicht verstanden haben und null Bock haben, sich damit zu beschäftigen. Denn genau diese Bürger wird man nie von Ihrer Meinung weg bringen, auch wenn die Berechnung, mit 2000 €uronen, im Plus ist.

Denn ich lebe für diesen Job und Aufklärung und ich weiß, das man es besser machen kann, als vorher. Es ist ein harter Job und man muss hier immer dran bleiben. Mit jeden Tag kann man die Welt etwas besser machen und das mache ich auch.

Ich sage, das es sich immer lohnenswert ist, seinen Eigenen Strom zu Produzieren und direkt zu nutzen. Bei dem einem eher und bei den anderen, etwas länger. Kommt immer auf den ganzen Parameter darauf an und dann sieht man es in der Berechnung.

Es gibt keinen Falschen Ort oder Ausrichtung, sondern eine falsche Meinung. Und wenn man sagt, das man mit den Bürger nicht zurecht kommt, dann sollte man erst an sich selbst arbeiten.

Ich weiß von was ich hier schreibe und sehe das jeden Tag. Nur meine Geheimnisse, werde ich für mich behalten.

Wer es besser macht, hat sich selbst verstanden und den Bürger.

Schlusswort:

Und nun kommen wir zum Schluss und ich bedanke mich bei Ihnen, das sie das Buch gekauft haben

und auch zu ende gelesen haben. Man kann nur hoffen, das man alles hier verstanden haben und das es leicht zu lesen war?

Dieses Projekt lag mir sehr am Herzen und ich habe mir einen kleinen Traum erfühlt und hoffe das es etwas für die Gesellschaft zu Gunsten kommen wird und den nachkommen die nach uns hier leben werden.Man muss schon seine Arbeit lieben und verstehen, um so ein Buch zu schreiben. Mir ist es Egal wie viele Bücher gekauft werden. Es geht darum, das man selbst weiß, das es so ein Nachschlagewerk gibt und auch noch zeitlos. Und das war mir sehr wichtig, denn so wird es auch in realen Leben durch geführt und erklärt. Es gibt einiges, das unser Berater auch noch machen muss. Meistens wird das eine oder andere immer von uns geklärt. Wir kennen ihren Stromverbrauch nicht, denn wir müssen, das alles sehr neutral behandeln und uns auf unser Tagesablauf verlassen. Wir wissen, wie sie die Stromkosten sparen können und sie müssten es einfach mal berechnen lassen und dann können sie mit reden und nicht vorher. Denn jedes Haus ist immer anders, von der Berechnung, da jeder einen anderen Stromverbrauch hat und jede Familie, andere Gewohnheiten hat.

Vielleicht haben sie, im Verlauf, des Buches gedacht, das der Mensch nur Irre ist und der möchte die Welt verbessern. Oder sie dachten sich, das ihm etwas langweilig ist, in seinem Leben?

Ich kann nur eines dazu sagen: Bin stolz darauf, so zu sein, wie ich bin. Und ich lassen mich nicht von den Nachbarn beeinflussen oder mache mir Gedanken, was der Nachbar, von mir denken kann.

Einen Spruch von mir:

Jeder ist auf seinen eigenen Geldbeutel verantwortlich

Wenn sie mal zu einem sagen, das der Strom zu teuer geworden ist und sie es nicht mehr so zahlen können, dann wird ihnen, ihr Umfeld sagen, da bist du selber schuld. Hattest die Möglichkeit gehabt etwas zu machen, nur jetzt, ist es auch zu spät.

Oder die Regierung die eine oder andere Steuer auferlegt und man dann weniger Lebensmittel kaufen kann? Das kann alles passieren, denn das alles hängt mit der Erneuerbaren Energien zusammen. Eigentlich mit dem Co2 Ausstoß.

Kann mir nur vorstellen, das jeder eine Strom erzeugende Photovoltaik Anlage, mal etwas anders sieht und jetzt erkennt, wie wichtig es ist, etwas für sich und seine Umwelt zu tun. Jeder Ihrer Nachkommen wird es danken.

Wenn man nur einen kleinen Teil, der Menschen erreicht, mit diesem Buch. Und wenn diese es verstanden haben und dann ihren Strom selbst erzeugen, dann ist schon viel gewonnen. Denn über diesen Menschen freue ich mich, das sie über ihre eigene Zukunft denken und auch handeln. Denn wer handelt zeigt auch der Gesamtheit Flagge und beweist das man nicht alles mit ihnen machen kann.

Denke man kann es auch so sagen, das wer nur redet, der kann und wird nie, seine Zukunft ändern wird und dieser wird es auch nie vor haben.Es ist hart, das man so von seinen Mitmenschen denkt, aber es ist leider die Realität.

Sie haben es gemerkt, das die Buchstaben größer sind, als normal. Ich würde gebeten, das es jeder lesen kann, ob jung oder alt oder älter. Denn es kann jeder noch etwas lernen und tun.

Was mir im besonderen aufgefallen ist, wie ich dieses Buch geschrieben, das es doch möglich ist, als einzelner Mensch, die Welt etwas zu verändern und zum nachdenken zu bringen. Auch wenn es nur niedergeschriebene Gedanken sind. Und ich bin stolz darauf, sagen zu können, das ich etwas getan habe. Und wenn mich mal ein kleines Kind fragen sollte, warum sind die Menschen so gewesen?

Dann kann und wird meine Antwort sein: Weise ich nicht, das diese auf nichts hören wollten und ihre Scheuklappen auf hatten im Leben und aus diesem Grund ist deine Zukunft ungewiss. Das sieht man einfach immer wieder, das die Menschen immer wieder sagen das das mir nichts angeht. Das ist nur dummes Gerede, von denen.

Ich bin auch der Meinung das irgendwann auch Wohnungsbesitzer, eine Möglichkeit haben werden und sich einfach PV platten an den Balkon machen werden und wenn das viele machen, dann können wir zusammen, mit Leichtigkeit, unsere Umwelt verbessern.

Möchte sie daran schuld sein, das unsere Nachkommen das einmal zu Ihnen sagen?

Ich nicht..

Ich danke Ihnen schon mal im Voraus und wünsche jedem eine Gute Zeit.

Herstellung und Verlag:
BoD - Books on Demand, Norderstedt
ISBN 978-3-7448-1028-9